DK
万物生长的
秘密

英国DK公司◎编著　［英］莉薇·高斯林◎绘
张宝元◎译

湖南少年儿童出版社
HUNAN JUVENILE & CHILDREN'S PUBLISHING HOUSE
·长沙·

小博集
BOOKY KIDS

Original Title: My First Garden: For Little Gardeners Who Want to Grow
Illustrations copyright © Livi Gosling, 2023
Text, layout, and design copyright © Dorling Kindersley Limited, 2023
A Penguin Random House Company

著作权合同登记号：图字18-2024-114

图书在版编目（CIP）数据

DK万物生长的秘密 / 英国DK公司编著；（英）莉薇·高斯林绘；张宝元译. -- 长沙：湖南少年儿童出版社，2024.7
ISBN 978-7-5562-7612-7

Ⅰ.①D… Ⅱ.①英…②莉…③张… Ⅲ.①观赏园艺—儿童读物 Ⅳ.①S68-49

中国国家版本馆CIP数据核字（2024）第090849号

DK WANWU SHENGZHANG DE MIMI
DK 万物生长的秘密

英国DK公司◎编著　[英]莉薇·高斯林◎绘　张宝元◎译

监　　制：齐小苗
责任编辑：唐　凌　蔡甜甜
策划编辑：盖　野
营销编辑：刘子嘉
版权支持：张雪珂
封面设计：马睿君
出 版 人：刘星保
出　　版：湖南少年儿童出版社
地　　址：湖南省长沙市晚报大道89号
邮　　编：410016
电　　话：0731-82196320
常年法律顾问：湖南崇民律师事务所　柳成柱律师
经　　销：新华书店
开　　本：889 mm × 1194 mm 1/16
印　　刷：北京中科印刷有限公司
字　　数：25 千字
印　　张：5
版　　次：2024 年 7 月第1版
印　　次：2024 年 7 月第1次印刷
书　　号：ISBN 978-7-5562-7612-7
定　　价：68.00 元

若有质量问题，请致电质量监督电话：010-59096394
团购电话：010-59320018

www.dk.com

阅读前的注意事项

注意安全

·你会在书中看到一些带有红色三角标志的步骤，操作时需要格外小心，并且向家里的大人寻求帮助。

·在滚烫的炉灶、煤气灶或电饭锅周围时一定要小心，记得检查炉灶或炊具的开关状况，接触任何热的物品时都要记得保护双手，最好戴上隔热手套。

·处理热水或热锅时需要格外小心，仔细观察是否有液体溢出，移动或拿取高温物品时要使用隔热手套，保护双手。如果你不小心被烫伤了，马上告诉大人。

·使用菜刀、剪刀等任何锋利的刀具时要小心。

·处理完辣椒后一定要把手洗干净，同时避免直接用手接触你的眼睛、嘴或其他敏感部位。

·如果有任何疑问，向家里的大人寻求帮助。

注意卫生

请注意，在厨房和花园中，你需要遵循以下重要规则，防止滋生细菌。

·按照菜谱开始做菜之前，一定要洗手。

·每次用完砧板后，要用温水和洗洁精清洗。

·保持烹饪区清洁卫生，准备一块抹布，以便随手擦拭溢出物。

·一定要确认所有食材的保质期。

·干完一件活儿后要洗手，特别是在与土壤打交道后。

小心过敏

检查菜谱的食材，确保其中不含会引起你或其他食客过敏的物质。在处理你种植的植物时，也要遵循同样的原则。某些植物可能有毒！

准备工具

在你开始动手制作菜肴前，确保你已将所有器具准备妥当。需要使用的器具大部分你家厨房里应该已经有了，但有些还是需要去购买。

称重与测量

在开始烹调之前，请仔细称量食材。你可以根据需要，使用量勺、秤和量杯进行测量。

目 录

欢迎来到你的第一座花园

园艺是一件很棒的事

园艺其实非常容易上手。你不需要花里胡哨的工具，甚至不需要太多空间。你只需要一粒种子和一盆泥土！莳花弄草能让你周围的世界变得绿意盎然，更加美好。仅是与绿植为伴，我们就会身心愉悦，食用蔬果还能给我们提供丰富的营养。

从小的尝试开始，很快你就会成为园艺达人！

小空间，大作为

小到茶杯，大到田野，本书介绍的许多种植活动不存在空间大小的限制。

你将学到的内容

每座花园最初都源自同样简单的想法。在本书中，你将学到种子生长所需的条件，如何为你的花园选择最适合的植物，如何给植物换盆、浇水，如何帮助植物茁壮成长，等等。

让我们开始打造你的第一座花园吧！

嘿，我是莉薇！

我是一位来自英国的插画师，也是一位园艺爱好者。2020年，我住在一间没有花园的公寓里。我在社区分配的土地里撒下种子，观察植物一点点长大，这为我带来了快乐，帮我度过了担惊受怕的日子。

我写这本书的初衷，是为了帮助你种下自己的"小美好"。你有没有花园、有没有户外空间，一点都不重要。只要种上一些东西，无论多小一株，你都是一位出色的小园丁！

只要有几粒种子和一盆土，最后的成果一定会让你惊讶。祝你玩得开心！

本章亮点

翻到第18～19页，看看你可以为花园带来哪些改变。少了园丁，一座花园不会繁荣。

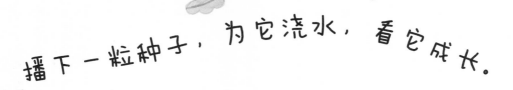

播下一粒种子，为它浇水，看它成长。

园艺入门指南

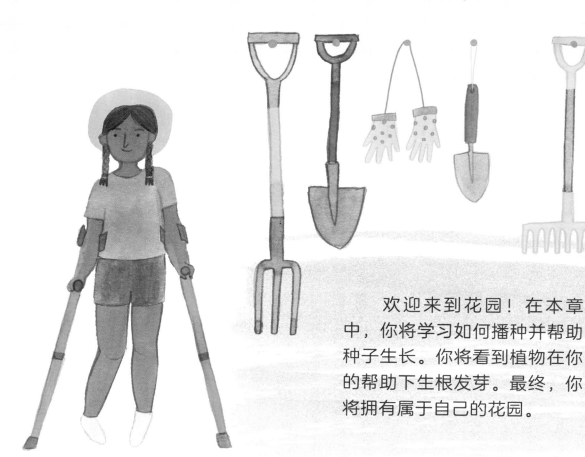

欢迎来到花园！在本章中，你将学习如何播种并帮助种子生长。你将看到植物在你的帮助下生根发芽。最终，你将拥有属于自己的花园。

什么是种子？

　　小小的一颗种子里蕴藏着巨大的能量，只要给予它所需的一切，它就会生长成为一株植物。如果一颗种子足够幸运，能够落入沃土或被人为种在高肥力的土壤里，同时获得足够的水和阳光，那它就会长成一株植物。

1 这是一颗幸运的种子。它没有被小鸟或小型哺乳动物吃掉。天气足够温暖时，它就会破土而出，开始生长。这个过程叫作"发芽"。

2 种子利用体内所储存的能量，长出一条根来。这条根从土壤中汲取水分和植物生长所需的养分。

3 种子向上生长，发出一棵芽，等到嫩芽破土而出，它就可以开始将阳光转化为植物生长所需的能量。

4 种子里面自带一片或两片叶子，现在叶片舒展开来，吸收阳光。之后，它会长出新叶，开出花朵，结出新的种子。

不同的需求

不同植物的种子，适宜生长的条件也不尽相同。仔细留意每种植物生长所需的条件，然后再播种。

向日葵

将向日葵种子种在阳光充足的地方，埋在土壤表面以下2.5厘米处，再用水浇透。为了保护你的向日葵，你需要先用一个干净的塑料罩罩住它，待其破土而出后再摘下塑料罩。

甜豌豆

种植甜豌豆需要高肥力的堆肥（参见第35页）。将种子种在土壤表面以下1厘米处。等它们发芽之后，为它们提供可以攀爬的木条支架。豌豆植株需要依附支架攀缘生长。

大丽花

在花盆里装满湿润的土，再把一粒粒种子插入土中，注意，别把种子全部按进土里，留出一头露在外面。盖上塑料罩，等种子发芽后再摘下罩子。

获取种子的途径

种子无处不在，虽然有时你很难察觉到它们的存在。从参天大树到细小的杂草，几乎所有植物都会结出种子。那么，在自己动手种植之前，你该从哪里获得种子呢？花园和厨房是你寻找种子的好地方。

室外

花园里的种子

夏末时分，野花会结出种子。等花瓣掉落后，把抖落的种子装进信封里。把信封放置于阴凉干燥的地方，这样把里面的种子就可以保存到来年春天。

在你动手之前

选择一个干燥无风的日子来收集种子。受潮的种子还未来得及生长就会腐烂，还有许多种子很不起眼，容易被风吹走！

种子的形状、大小多种多样。

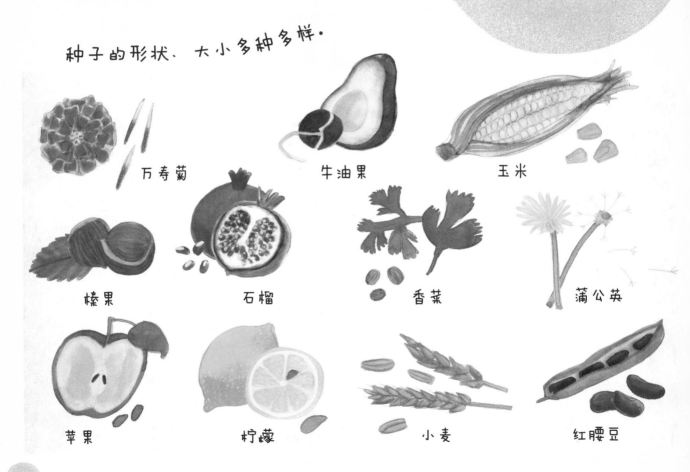

万寿菊　牛油果　玉米

榛果　石榴　香菜　蒲公英

苹果　柠檬　小麦　红腰豆

室内

厨房里的种子

人们通常会在烹饪前把甜椒的种子丢掉，所以你可以向大人索要这些种子。在水龙头下把这些种子冲洗干净，然后放在厨房用纸上晾干。你也可以直接把种子撒在土里，埋到土壤表面以下就好。将甜椒种子放在阳光充足的地方，气候温暖的环境适合它们生长。

甜椒

大蒜

芹菜

在你动手之前

在超市购买的许多水果和蔬菜都是专为食用而改良的杂交品种，不会结籽。所以，你可以请大人帮忙购买有机蔬果的种子，它们发芽的可能性要高得多。

香草与香料

一些用于烹饪的香草和香料也能自己种植。试一试种植芥菜、茴香和胡卢巴吧。小心翼翼地从罐中摇出几粒种子，然后把它们种在花盆里。你还可以种植整颗大蒜，定期给它们浇水，几周内你就会看到蒜瓣发芽！

绿叶蔬菜

你可以让芹菜或小白菜的根部长出新叶。在菜板上切下它们的根部，切面朝上，放入盛水的器皿中。每隔几天换一次水，你就能看到叶子重新长出来！

小白菜

温馨小贴士

你可以与擅长园艺的朋友交换种子。

如何播种

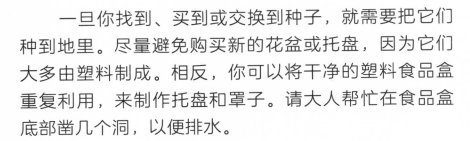

一旦你找到、买到或交换到种子，就需要把它们种到地里。尽量避免购买新的花盆或托盘，因为它们大多由塑料制成。相反，你可以将干净的塑料食品盒重复利用，来制作托盘和罩子。请大人帮忙在食品盒底部凿几个洞，以便排水。

你需要准备：

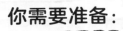

- ♥ 花盆或托盘
- ♥ 育种专用的堆肥
- ♥ 种子
- ♥ 浇水壶
- ♥ 透明的塑料罩
- ♥ 标签
- ♥ 记号笔

趣味小知识

大多数种子播种的深度应为其直径的 2～3 倍。

1 把育种专用的堆肥装进花盆或托盘中，填到容器开口边缘以下 2 厘米的位置，然后把表面的泥土抹平。

2 将种子撒在泥土表面，然后再覆盖一层薄薄的堆肥。

3 给种子浇水，把堆肥浸湿，但不要形成积水。

4 用透明的塑料罩罩住花盆或托盘，这样既保暖又保湿，犹如温室一般。

5 把标签贴在花盆上，或者直接在塑料罩上写上记号。记下种子的名称以及播种的日期。等到种子生根发芽时，这些记号能帮助你记起种下的是什么植物。

6 接下来的几周时间，怀着希望等待土壤下面的种子开始发芽、持续生长吧。翻到下一页，看看接下来该做什么。

土壤和堆肥

种子喜欢特制的"育种专用堆肥"，这种堆肥足够松散，利于种子在其中生长。确保你买的堆肥包装上标明了"不含泥炭"。泥炭土是一种形成于潮湿沼泽地的特殊土壤。泥炭土对抑制全球变暖起到了非常重要的作用，所以我们需要将泥炭土留在地底。

植物的生长条件

植物不需要看电视，不需要和朋友待在一起，也不需要吃冰激凌。大多数植物只需要三样东西：光、水和恰到好处的温度。只要给了植物这些，它们就会不声不响地茁壮成长。如果你给得过多或过少，它们就会枯黄、掉叶，或者干脆拒绝生长。

光照

这是重中之重。植物吸收光照，并将其转化为生长所需的能量，这一过程称为"光合作用"。当你从商店购买植物时，标签上通常会标明这种植物喜欢哪种光，有的植物需要明亮的直射光，有的则需要完全避光。

室内温度

这些绿植之所以栽在室内，是因为它们偏好的温度与人类相似，但我们家中的某些地方并不受室内盆栽植物喜欢。尽量不要把植物放在会把它们烤干的暖气附近，也不要把它们放在阴冷、通风的房间里。植物的叶片变黄表明环境过热了，而叶片变成棕色则表示环境太冷了。

水

　　每周检查一次植物是否需要浇水。浇水前，把手指插进土壤里，查看土壤的松软度和湿润度。如果土壤松软、湿润且富有弹性，就不需要浇水。如果土壤干燥且缺乏弹性，就浇上适量的水。如果你的植物种在花盆里，看到盆底的托盘里渗出水，就停止浇水。

户外温度

　　如果温度降至0摄氏度以下，植物会被冻死，这就是"霜冻"。尽量在霜冻过后再种花草。但如果你已经种下了植物，却突然遭遇霜冻，那也并非全无希望。剪掉植株死亡的部分，剩下存活的部分还有机会再生长。将花盆搬入室内，直到冬天过去。

15

移栽和换盆

成功发芽的种子会慢慢长成幼苗。细小的幼苗会长成大株的植物。最终，你的植物会大过你的花盆。无论你育种是准备将来在花园里地栽，还是准备将盆栽放在窗台上做装饰，你都需要及时给你的植物换盆了。

移植幼苗

你的种子应该会在播种后的三周左右长出幼苗。当它们长出一两对嫩叶时，就该给它们换盆了。轻轻把幼苗从托盘中移植到花盆里。如果你是在一个花盆中播下了几粒种子，就把它们一个个移植到单独的盆中。

温馨小贴士

当一粒种子破土而出时，幼苗上面会附着一两枚子叶。它会在几天后脱落，为真叶让路。这些真的叶子已经准备好把阳光转化为养料了。

移栽植物

茁壮成长的植物可能会继续长大，有时候需要为它换一个新盆。

在你动手之前

观察你的盆栽是否有以下需要换盆的迹象：

- 叶片变黄
- 把植物从盆栽中取出，发现它的根系缠成了一团
- 根系从花盆底下的排水孔长了出来
- 看上去头重脚轻（一大株植物在一个小盆中，看起来就像快倒了一样）

1 在你准备换盆的前一天，给盆里的土壤浇水。搬家会给植物带来压力，因此要给它们浇足水，让它们感到舒适。

3 把旧花盆翻转过来，轻轻抖出植物。小心翼翼地把缠在一起的根系解开。

2 来到室外，或在工作台上铺上纸，这样你就不会把泥土弄得到处都是。在新花盆里铺上一层堆肥。

5 把植物移回原来生长的地方。

4 把植物移到新的盆里，在它周围撒上新鲜的堆肥，并轻轻压实。

你可以带来改变

我们应该感谢植物为我们创造的一切。它们为我们生产呼吸所需的氧气，让我们的环境保持凉爽湿润。通过种植绿植，你可以从细微之处给世界带来一些变化，这些改变日积月累，会产生巨大的影响。

自己种食物

把食物运送到商店供我们购买的过程会消耗大量能源，一根胡萝卜或一片菜叶每运输1千米都会造成污染。食物送到你手中所耗费的燃料越少，就越有利于环境。如果你自己种菜，那么你获得食物的过程就无须运输了！

构建友好型社区

看到植物被细心照料，邻居们会更喜欢自己所在的社区。把植物放在大家都能看到的室外，会让每个人心情愉悦。这甚至会鼓励其他人也开始种花弄草。你可以把成功育出的幼苗作为礼物送给邻居或老师，将对园艺的热爱传递开来。

打造健康之家

在家中种植物可以将自然之美带进室内。待在自然之中会让人感觉更加平静和快乐。从家中望一望窗外，如果你只能看到毫无绿意的外墙或街道，那就放一排绿植装点窗景吧。

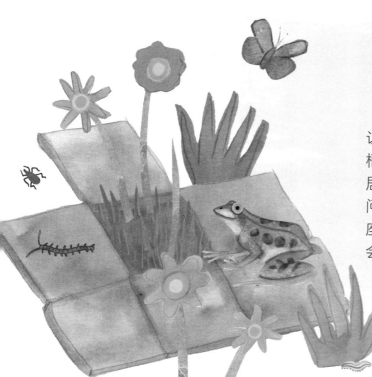

提供安全的栖身所

野生动物需要植物。一株开花植物能让蜜蜂饱餐一顿，大大小小的花园则为两栖动物、昆虫、鸟类和哺乳动物带来了安居之所。如果你家的花园铺设了地砖，询问是否可以拆掉一块石板，把那里变成一座微型花园。泥土和植物会吸收水分，不会四处淌水，致使地面湿滑。

哪里都可以是花园

或许你认为做园艺先得有个花园，其实不然！小到一个茶杯碟，大到一片草地，你都可以栽种植物。植物需要的只是光照、水分和适宜的温度而已。让我们开辟一些可以让你打造迷你花园的空间吧。

窗台

窗户前的区域非常适合种植物。窗外光线充足，而且与桌面不同，你在埋头绘画或玩游戏时不会将窗台上的花盆碰倒。

家门口

家门口是摆放盆栽的好地方。如果你住在公寓里，那么需要询问一下家里的大人，因为并不是所有的公寓楼都允许把私人物品放在公共区域。

浴室

蒸汽腾腾的浴室非常适合那些来自雨林的植物。这些植物喜欢富有水分的环境，并且不介意光线不足。

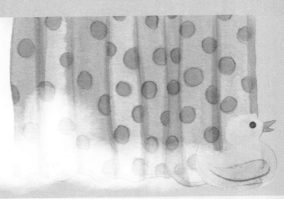

共享空间

你家附近有没有社区花园？也许它就在你从未走过的那条路上呢！社区花园一般都有开放日，你可以在那里学习一些园艺技能。

充满生机的墙

如果不能让植物在家门外生长，那就试着让它们向上生长吧！只要你给攀缘植物一点支撑，它们就会顺势往上爬。在狭窄的空间中，你可以种植攀缘植物，鼓励它们沿着墙向上生长。寻找一面能获得足够光照的墙吧。

你需要准备：

- ♥ 竹棍
- ♥ 绳子
- ♥ 攀缘植物，比如常春藤、甜豌豆、龟背竹

制作爬藤架

用绳子把三根竹棍绑在一起，制成一个三脚架，然后把它靠在墙上。接着把藤本植物的枝叶轻轻绕到每根立棍上。这些植物会沿着支架向上攀爬。

温馨小贴士

如果不能向上生长，那就向下生长！把吊金钱之类的垂吊植物放在架子上，挂在你伸手就能把花盆拿下来浇水的地方。

本章亮点

你听说过葫芦科植物吗？你知道哪些是十字花科植物吗？翻到第26～27页，来看看关于蔬菜分类的知识吧。

种点什么呢？

现在你该了解自己可以种哪些不同类型的植物了。每座花园都不一样，所以要选择适合生长在你的花园里的植物。无论你选择种下什么，都会使你的花园与众不同。

四季变换

园艺日历也分四季，每个季节都有可以播种和收获的植物。在不同的地方，每个季节到来的时间不同，气温冷暖也有差异，这都取决于你所在的地区。

观察：
樱花

观察：
夏季
盛开的花

种下：
甜菜
胡萝卜
芜菁甘蓝

种下：
洋葱
菠菜
萝卜
大蒜
羽衣甘蓝

收获：
草莓
生菜叶
新土豆
大蒜

春季

当天气日渐温暖时，植物便开始生长。当你发现大自然正在复苏，到处都长出了新绿，鸟儿开始啼鸣时，你就可以到室外播种了。

夏季

天气足够暖和，室内的植物也可以在室外存活了。这时种下蔬菜就可以在秋天和冬天收获。夏日炎炎，确保给植物浇足水。

什么是季节性食物？

在自然界中，植物会在一年中某一时节结出果实。通常，超市里的蔬果都是在温室大棚中长出来的，而且全年都能收获。应季食物因为按照自然时令生长收获，所以吃起来味道更好。

种下：
洋葱
菠菜
萝卜
大蒜
羽衣甘蓝

收获：
甜菜
胡萝卜
韭葱

收获：
羽衣甘蓝
胡萝卜
芹菜

观察：
玫瑰果

观察：
雪花莲

秋季

在秋天，植物的花瓣凋落，结出种子。树叶从落叶树上脱落。你该把植物搬到室内越冬了。此时，种下冬季蔬菜。

冬季

在寒冷的冬天，大自然陷入了寂静。树木不再生长，也鲜有花卉开放，但这并不代表植物都没有了生命。

25

蔬菜分类

蔬菜分为不同的科。然而，即使是同属于一个科的蔬菜，看起来也可能截然不同。我们按照蔬菜的生长方式以及可食用的部分（根、叶子、果实、种子）来对它们进行分类。

根茎类

人们食用此类植物的根和茎。

胡萝卜

姜

芹菜

甜菜

萝卜

葫芦科

人们食用此类植物的果实。

黄瓜

长南瓜

甜瓜

圆南瓜

西葫芦

茄科

人们食用此类植物的果实或块茎。

番茄　　　　土豆　　　　茄子

红辣椒　　　　甜椒

百合科

人们食用此类植物的球茎和茎。

洋葱　　　　大蒜　　　　韭葱

豆科

人们食用此类植物的种子（有的种壳也可食用）。

豌豆　　　　四季豆　　　　蚕豆

十字花科

人们食用此类植物的叶子或花朵。

大白菜　　　　西兰花　　　　羽衣甘蓝　　　　豆瓣菜

充分利用你的空间

　　植物就像你的家庭成员一样，每一种都有自己的个性。有的种子喜欢与其他种子紧紧挨在一起，在三月时被种到土里；而有的种子喜欢在七月被播种，而且需要足够的"私人空间"。

我的家里适合种什么呢？

　　有些种子是别人作为礼物送给你的，你并不知道它们最终会长成什么样子。但大部分时候，你得知道它们究竟是哪种植物，这点很重要。比如，大百合能长到2.5米高，需要7年的时间才能开花；白掌则会长到半米高，在春天和秋天都可以开花。你会选择种哪一种花呢？

大百合

白掌

如何看懂包装上的说明

尽可能多撒种子来提高对空间的利用率。然而，如果播种密度过大，种子就有可能无法生长。所以你需要查看种子的包装袋，了解植株的间距。如果你知道如何阅读说明，那你可以从中了解到关于种子的许多信息。

名称：手指胡萝卜（五彩）

产品描述：你一定会爱上这些颜色鲜艳、口感脆爽的胡萝卜！把它们种在阳光充沛的地方，12周后就能收获。

一年生 ／ 二年生 ／ 多年生

一年生植物在一年内完成生长、开花、死亡的生命周期，而二年生植物则需要两年完成其生命周期。多年生草本植物地上的部分年复一年周而复始地死亡，再生长，而地下茎或根可存活多年。

☐ 播种　　☐ 换盆　　☐ 收获

| 1月 | 2月 | 3月 | 4月 | 5月 | 6月 | 7月 | 8月 | 9月 | 10月 | 11月 | 12月 |

播种深度：1厘米

种子间距：每60厘米播3粒种子。

查看种子间的间距，并用直尺或卷尺测量距离。

出苗天数：5~7天

疏苗：当秧苗长到5厘米高时，每60厘米留1株。

种子发芽后，移除土壤中的部分秧苗，拉大植株间距。这叫作"疏苗"。

在窗台上种美味蔬果

窗台是种植蔬果和香草的好地方，你可以把种植的成果用到日常饮食中。窗台比室外更温暖，还能为植物挡风遮雨，保护植物不会受到损害。你在室内照料它们也会更轻松。

你需要准备：

♥ 厨房纸
♥ 托盘
♥ 喷水壶
♥ 小玩具
♥ 豆瓣菜种子

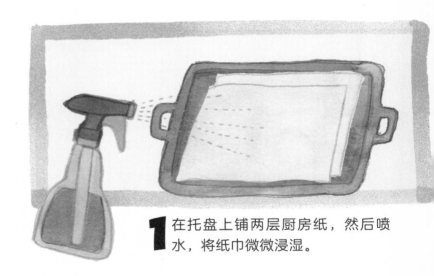

1 在托盘上铺两层厨房纸，然后喷水，将纸巾微微浸湿。

2 在纸上摆放一些小玩具，营造出一个场景，它们可以在镇上漫步，也可以在开茶话会。

3 把豆瓣菜种子均匀地撒在小玩具周围。

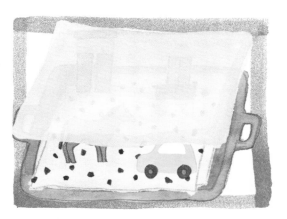

4 用一张厨房纸覆盖托盘。

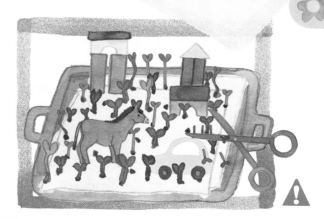

5 两天后，豆瓣菜就会发芽。把上面的厨房纸拿掉，让幼苗继续生长。每隔一天或当厨房纸有点干时，就喷点水。用不了多久，你就会拥有一座小小的豆瓣菜菜园！你可以把它们剪下来，拌在沙拉里或夹在三明治中食用。

栽在盆里

一个花钵或大花盆足以让你种出一整座花园。盆盆罐罐都是很好的容器，可以装下那些在窗台上放不下的植物。与生长在地里的植物不同，当天气变得太冷时，你可以把盆栽植物搬入室内。

豆瓣菜

吊金钱

报春花

⚠ 盆盆罐罐

几乎所有容器都能用来栽种。走进别人的花园，你会看到罐子、篮子，甚至还有旧靴子！如果想重复利用一件容器来栽种，得确保这个容器可以排水。如果不能，可以请大人帮你在容器底部钻几个小孔。

幼苗

洋葱头

草莓

盆栽草莓

又红又甜的草莓是栽在容器里的理想作物。它们需要优质肥沃的土壤，大量浇水，这样才能结出红彤彤的果实。

1 往容器里填盆栽土。草莓植株喜欢刚从袋中取出的肥力十足的土壤。

2 在土中挖一个坑，再把草莓幼苗放进去，将它规整地立在坑里，把根部埋进土里。

3 把植株周围的空隙用土填满，并轻轻拍实。

4 充分浇水，你每天都需要给草莓浇水。

5 一旦植株开了花，就需要每周施一次肥。这有助于结出饱满多汁的果实。

6 随时留意是否结出了草莓！当草莓呈鲜红色时，你就可以把它们摘下来吃了。

关于土壤的一切

　　一小片土壤就是一处等待着阳光、水、种子和一点点爱让它开出花来的地方。但土壤千差万别，有些土壤非常肥沃，适合栽种植物。有时候，土壤会慢慢失去肥力，没有足够的养分供植物成长。

从土壤开始

　　地球上1/4的物种都生活在土壤层中。对蠕虫以及微生物而言，土壤是一处特别重要的栖息地。微生物是肉眼无法看见的微小生物，没有它们的帮忙，植物就无法生长。

水

岩石微粒

土壤由哪些成分构成呢？

腐殖质

　　这是动物尸体、植物的枯枝烂叶等经分解转化而成的一种富含营养的物质。

空气

比较不同的土壤

下次当你走进花园时，你可以从地里抓起一把泥土，然后再从盆栽里取一把土，将这两把土放在一起，看看它们有什么区别。

什么是堆肥？

堆肥是植物腐烂后产生的混合物，松软且富含营养，可用于提高土壤肥力。你可以将食物废渣放入花园中的堆肥箱，自制堆肥。

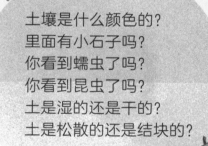

土壤是什么颜色的？
里面有小石子吗？
你看到蠕虫了吗？
你看到昆虫了吗？
土是湿的还是干的？
土是松散的还是结块的？

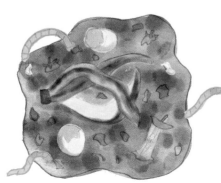
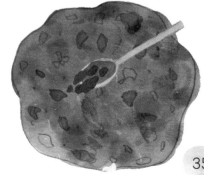

开始种菜吧

你已经学会了如何播种、照料种子和幼苗，现在可以打造自己的农场了。大家都知道，农场是种植粮食、蔬菜和水果的地方。按照以下步骤，创建你自己的迷你农场吧。

你需要准备：
- ♥ 种子或秧苗
- ♥ 浇水壶
- ♥ 托盘、花盆或花床
- ♥ 盆栽土
- ♥ 绳子
- ♥ 齿耙
- ♥ 记号笔
- ♥ 标签

1 选择你要种的作物。如果你的空间较小，可以选择种豆瓣菜、香草之类的植物。如果你有更大的空间，可以考虑种胡萝卜、豌豆或荷包豆。如果想打造令人惊艳的视觉效果，可以种植向日葵。

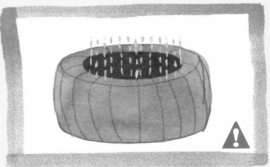

2 如果你准备把植物种在室外，那么就需要先给土壤浇水，再用齿耙耙出许多小孔，这样会使土壤变得足够松软，便于撒种。如果你打算把蔬果种在托盘或花盆中，则需要在里面铺上一层盆栽土，然后再浇一些水。

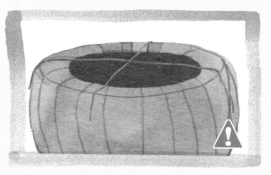

3 用绳子在土里划分不同作物的生长区域。用齿耙划开土壤，方便你播下种子。

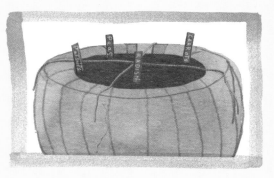

4 在每个标签上写上植物的名称。如果标签上还有空，就标注上每种植物需要浇水的频率。

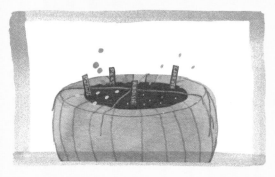

5 把你的种子或幼苗种在对应的位置。干了一天农活可真辛苦！你和你种下的植物都该喝口水了。

6 悉心照料你的作物，确保它们长得又大又壮。每种植物所需的水分不同，有些植物还需要施肥。

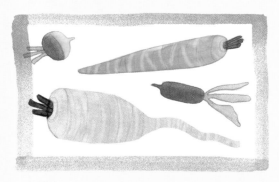

7 丰收啦！采摘成熟的作物以供日后食用也是菜农的工作职责之一。无论你种的是美味的蔬菜，还是挺拔的向日葵，与家人和朋友分享你的劳动成果吧。

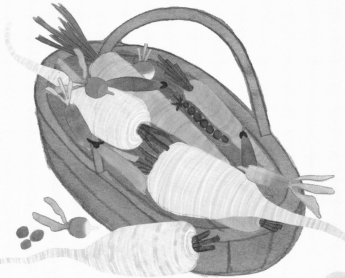

花朵的力量

花朵不仅长得好看，还富有力量！鲜艳的花朵会吸引友好的昆虫，这些昆虫会帮花朵授粉，让你的植物结出果实。当你用花款待这些昆虫时，它们也会回馈你。还有些花朵会吓跑那些会吃掉你的蔬果的昆虫。

授粉昆虫的盛宴

琉璃苣很能吸引授粉的昆虫，因为它们的花每2分钟就补一次蜜！琉璃苣甚至可以改善种在附近的草莓的风味。

琉璃苣

白粉虱是一种喜欢吃番茄的害虫。万寿菊可以令它们望而生畏，不敢靠近。

金盏菊

⚠ 坚韧不拔

金盏菊是一种生命力顽强的植物，即使在不太肥沃的土壤中也能长得很好。它们的花瓣可以食用，而且非常美味。不过，在食用花瓣前，一定得先经过家里的大人确认才行。

万寿菊

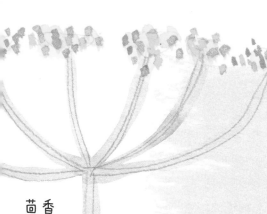

茴香

"招蜂引蝶"

茴香顶着黄色的小花朵，长得很高。这些花朵会吸引外形酷似蜜蜂的食蚜蝇，它们正好能帮忙消灭侵害植物的蚜虫。

金莲花

英雄花朵

金莲花之类的花卉植物可以充当"诱饵"——害虫首先会吃掉这类伴生植物，你想要栽种和食用的作物就得以保全了。比如，比起吃蔬菜来，有些昆虫更愿意吃金莲花，所以种植金莲花有助于保护你的劳动成果。

温馨小贴士

尝试着将本土植株与非本地植株混种在一起。本土植物很少在冬季时开花，而在冬季开花的外来植物能让授粉昆虫一年四季都不缺食物。

植物伙伴

你知道吗？植物也有朋友！把特定的植物种在一起，可以吸引有帮助的昆虫，迷惑害虫，还能充分利用土地。植物间的差异使它们组成一个互助互利的团队，这就是伴生栽培。

先种玉米，再种豆类，豆类会沿着玉米茎秆攀爬。南瓜则会使地面土壤保持湿润。

玉米

豆类

南瓜

菜园三姐妹

美洲印第安农民将玉米、豆类和南瓜种在一起，人们因此把这三种作物戏称为"三姐妹"。

每种作物做出的贡献各不相同：玉米长出高高的茎秆供豆类攀缘，豆类植物使土壤更加肥沃，而南瓜的叶片很大，可以遮阴，防止杂草丛生。

气味卫士

大蒜和虾夷葱都带有强烈的气味，让某些虫子避之不及。百里香、迷迭香等香草也具有同样的效果。虽然薄荷一族也有助于防虫害，但要小心它们！薄荷生长的速度极快，而且喜欢"攻城略地"。所以，得把它单独种在一个容器中。

薄荷

好邻居，好搭档

罗勒通常被种在番茄旁边，它能改善周围番茄的风味，叶片强烈的气味还能赶走蚜虫。不仅如此，番茄和罗勒还能做成好吃的意大利面酱——它们就该在一起！

虾夷葱

番茄与罗勒叶

据说，口味相配的食物种在一起长得也会更好。

接力赛

在等待长势缓慢的作物生长期间，你可以补种一些速生作物，充分利用你的空间。欧防风的根扎得深，出了名地长得慢。你可以将樱桃萝卜、莴苣等浅根作物种在地表，让深根蔬菜往地底扎根生长。

欧防风

樱桃萝卜

美味的"歪瓜裂枣"

我们在超市货架上看到的蔬菜通常都经过了挑选，个头均匀，看起来差不多都一样。在自然条件下生长的水果和蔬菜会有彩虹般丰富的色彩，形状并不规整，表面疙疙瘩瘩。别看这些"歪瓜裂枣"并不好看，其实它们和超市里的蔬菜味道一样好呢！

美味的怪东西

蔬果的不同种类被称为"品种"，这些不常见的品种和你经常在超市里看到的不一样。

金橙草莓心形番茄

粉皮长形糯土豆

绿香肠番茄

俄罗斯香蕉手指土豆

紫葫芦番茄

紫土豆

传家宝

　　有些传统品种由于结的果实太小或生长太慢，已经被现在的农民抛弃了，不过它们却受到了一些园艺爱好者的青睐。这类植物被称为"传家宝"，因为它们的种子是从一代又一代的园丁手里保留下来的。种植传统品种有助于防止该蔬菜品种消失。

昆士兰蓝色
南瓜

白幽灵野草莓

紫圆茄

蜂蜜船
南瓜

彩虹
胡萝卜

本章亮点

翻到第52～53页，看看如何打造一处对传粉昆虫友好的花园；翻到第58～59页，走到户外观察野生动物吧！

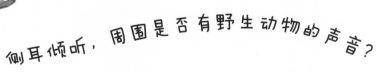

侧耳倾听，周围是否有野生动物的声音？

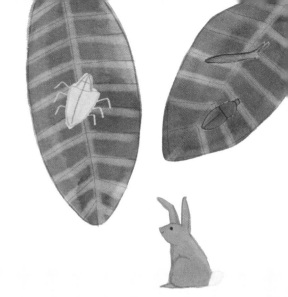

我的野生动物花园

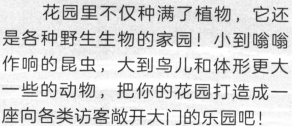

花园里不仅种满了植物，它还是各种野生生物的家园！小到嗡嗡作响的昆虫，大到鸟儿和体形更大一些的动物，把你的花园打造成一座向各类访客敞开大门的乐园吧！

食物链

在自然界中，每种生物都在寻找食物。植物从阳光、水和周围的空气中获得它们所需的一切，有时也从人类那里得到帮助。植物被植食动物吃掉，接着，植食动物又被肉食动物吃掉。每种生物都是食物链中的一环。

1 绿色植物通过吸收阳光、水和二氧化碳来获得能量。它们自给自足，所以被我们称为"生产者"。

2 植物被植食动物（以植物为食的动物）吃掉。植食动物包括蚜虫等昆虫、兔子等哺乳动物以及专吃坚果和浆果的鸟类。

食物网

每种生物都是众多食物链中的一环，这些食物链形成了一张食物网。每座花园都有一张庞大而复杂的食物网，每种生物都与其他生物产生关联。保护食物网中所有的植物和动物非常重要，因为它们相互依赖，彼此共生。

3 狐狸、猫头鹰、一些瓢虫（吃其他昆虫）等肉食动物以狩猎其他动物为生，被称为"捕食者"。还有一些动物既吃植物又吃动物，被称为"杂食动物"。

4 所有的植物和动物终有一死，最后被甲虫、真菌等分解者消灭。

一年四季的野生动物

就像植物随季节生长枯荣一样，动物的生活也顺应着时节的变化。用眼看，用耳听，留心观察自然界中飞舞、奔跑或嗡嗡作响的生物。

聆听：

鸟儿放声歌唱，试图吸引伴侣与它一起生儿育女。

聆听：

耳边总传来嗡嗡声，那是蜜蜂和其他有翅昆虫在花丛间来回穿梭。

蜻蜓

观察：

候鸟在一年中的不同时节飞往不同地方。

观察：

许多动物幼崽已经出生或破壳而出了。去看看池塘里游来游去的毛茸茸的小鸭子吧。

燕子

动手：

青蛙产下蛙卵，蛙卵孵化成蝌蚪。在池塘里种一些长柄水蘽来帮助蝌蚪吧。

动手：

在花园里摆放一些盛着清水的盆和碗碟，让小动物们可以在炎热的夏日里饮水、嬉戏。

春季

夏季

聆听：

人和动物踩在落叶上，发出沙沙声。夜里，窗外可能会传来鸟儿或其他动物活动时发出的声音。

观察：

蜘蛛在秋天编织出更多精致的网。在潮湿的天气里，你可以看见这些网挂在灌木丛中，晶莹发亮。

动手：

种下在春天开花的球根植物，比如郁金香。你还可以种下冬季开花的雪钟花。这些植物可以在食物短缺的时候为昆虫带来花蜜。

秋季

聆听：

冬天似乎静悄悄的，因为有些动物进入了冬眠，比如刺猬。

雪钟花

番红花

观察：

冬季开出的花朵不如夏季的花朵大。它们都很娇小，你需要仔细观察才能看到。

仙客来

动手：

树木在冬季处于休眠状态，并不生长。如果在冬季种下一棵树，那么它会赶在春天生长季来临之时及时扎下根。

冬季

花朵最好的朋友

植物需要昆虫来帮助它们传播花粉。多数花朵里的花粉必须传播到其他花朵上才能结出种子。有些花粉会随风飘散，但80%的野生植物依赖传粉者的帮助。

传粉者

黄蜂

蝴蝶

蜜蜂

食蚜蝇

蝙蝠

授粉

1 花朵含有传粉昆虫喜欢的甜甜的花蜜。蜜蜂、蝴蝶会落在花朵上，大口大口地吮吸花蜜。

2 花粉沾在传粉昆虫的身上。

3 当传粉昆虫飞去采集更多花蜜时，就会把花粉蹭到别的花朵上。

4 花粉与花朵中的卵细胞结合，结出种子。种子落到地上或被风吹走，然后长成一株新的植物。

果农经常会将蜜蜂引入自家的农场和果园，让蜜蜂帮他们的作物授粉，结出果实！

打造对传粉昆虫友好的花园

传粉昆虫采集花蜜并不容易。人们不断开垦野外荒地，铺设路面，导致蜜蜂、黄蜂、飞蝇、蝴蝶过去赖以生存的繁茂花丛消失殆尽。成为这些动物的朋友，为它们种上生存所需的花朵，并为它们营造安全的住所吧。

为传粉昆虫种下植物

花朵可以为传粉昆虫提供丰盛的大餐。选择一处阳光充足且避风的地方，挑选一种本土植物，并在合适的季节种下。

春夏时节

波斯菊之类的菊科花卉很受蜜蜂欢迎。春天时，在室外种下它们，并浇足水。

秋冬时节

在秋天，种植一些耐寒植物，比如冬天开花的帚石楠、番红花、冬堇葵等。

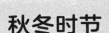

夜间访客

飞蛾与蜜蜂不同，它们在夜间出没。你可以为它们种植在夜间开花的植物，比如茉莉、月见草等。

为昆虫打造温馨家园

帮助传粉昆虫安一个家。如果你的花园里有闲置的砖块、石头或木块，将它们整齐地堆放在不被打扰的角落。传粉昆虫喜欢温暖的环境，所以确保它们在能照到阳光、避风的地方。甲虫喜欢嚼食枯木，成捆风干的茎秆会吸引独居的蜜蜂。

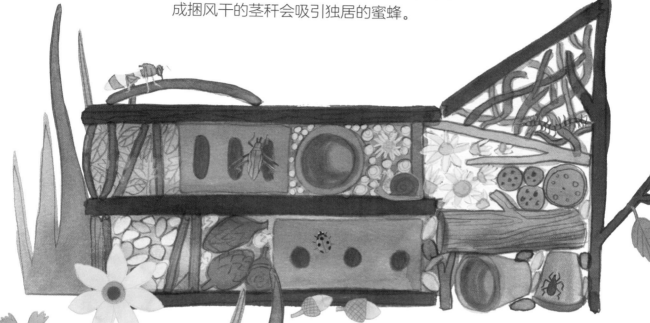

打造一片池塘

除了吸食花蜜，传粉昆虫还需要饮用淡水。为它们放一个清水盘，盘中放些鹅卵石，这些石头有助于昆虫爬进爬出，而不会落入水中。

池塘生活

从蜻蜓等昆虫到青蛙、蟾蜍等两栖动物，水能吸引各种各样的野生动物来到花园之中。种下这些动物在自然环境中能遇到的各类绿植，为它们创造一处凉爽而潮湿的家园吧。

菹草是一种供氧植物，可以在水下释放氧气。

重复利用的池塘

想要打造一座池塘，你无须动土，用水桶等不漏水的容器就能实现。先铺上一层特殊的名为"塘泥"的池塘培植土，然后接满雨水，野生动物不喜欢自来水，因为供人饮用的自来水都经过了处理。你到水边去时，一定要有成人陪同。

睡莲会遮挡部分阳光，能使池水保持凉爽，并阻止藻类生长。藻类是一种能迅速霸占池塘表面，把光线都死死挡住的植物。

垂枝细莞

矮睡莲

驴蹄草

长柄水薤

水生植物可以长在池塘中央的深水区。

蜜蜂的饮水池

采集花蜜是个辛苦活儿！为口渴的昆虫准备一碟水吧。在茶碟或浅盘中放几粒鹅卵石，然后接满水。昆虫可以停在石头上埋头喝水，不会在饮水时被困在水中。

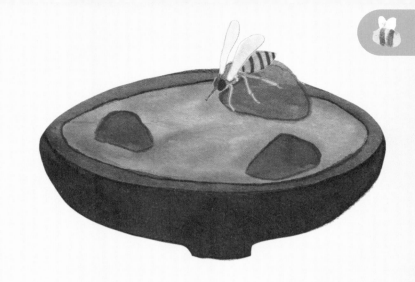

沼泽勿忘草

菖草

花菖蒲

有些长在水边的浮水植物喜欢把根系没在水中，而茎和花朵都长在水面上。

你可以在池塘的一侧堆些石头或砖块，形成一处浅水区，方便动物爬进爬出。

55

解决问题

即使是园艺专家也会遇到植物生长不良的情况。如果你种的植物没能存活，可能是它们生长的环境出了问题。尝试给你的植物"看病"，找出它们没能茁壮成长的病因。

变棕色、变脆

如果整株植物发脆，叶片干枯，土壤摸上去也很干，这意味着植物缺水了。给它浇足水，看看它是否会恢复生机。

叶片边缘呈褐色

叶片边缘呈褐色可能是光照不足的表现。棕色的叶子是不是长在植物背光的那一面？如果是，你就需要把植物移到能吸收更多阳光的地方去。

叶片变黄

如果植物的部分叶子变黄，可能是你浇的水太多了。把手指伸进土里感受，如果土壤黏湿，那么赶紧给植物换盆，让它远离积水的土壤。

如果整株植物都变黄了，那可能是温度不适合。将植物移到更温暖或更凉爽的地方，看看它能否恢复绿意。

室外植物上的害虫

假如你的植物看上去就像被外星生物攻击过，那么很可能是害虫在作祟。昆虫、蛞蝓和真菌都会攻击并吃掉你的植物。我们将这些生物称为"害虫"，因为它们会与我们争夺植物。

用水管冲洗你的植物，尽可能把虫子冲掉。

把蛋壳碾碎，撒在植物基底，驱赶蛞蝓。

种植绿薄荷或辣薄荷，驱赶昆虫。

把喜欢在相同环境下相伴而生的植物种在一起。这就是"伴生栽培"。

室内盆栽上的害虫

室内盆栽上可能聚集着各类小虫。假如你发现任何小虫或蛛网，把盆栽放进水槽里，用清水冲洗，并用肥皂和水把之前放置植物的地方清洗一遍。请家里的大人购买杀虫喷雾剂，将害虫彻底消灭。

野外观察之旅

每当走出家门，你就有机会观察植物和动物。在大自然中走一走，你或许就能从周围环境中发现以前从未留意过的"宝藏"呢。不过，野外观察之旅需要家长陪同，以保证安全。

你需要准备：

- 硬皮记事本
- 彩色笔
- 放大镜

画出你第一眼看到的事物。

在你出发之前

翻开你的记事本，在新的一页顶部写上日期。现在是什么季节呢？你如果不清楚，就写下此刻的天气情况。在每次野外观察前都要做这些记录。

家门口的世界

低头看看地面。人行道的缝隙里藏着的东西可能比你想象的还多。凑近一些，观察生长在那里的杂草或昆虫吧。

沿途的树木

看看路边生长的树木或灌木丛，问问自己：这些树木长着树叶吗？它们是常绿植物还是落叶植物？它们结的果实是什么样的？树枝上有鸟儿吗？

围着一片落叶勾勒出它的边。

侧耳倾听

停下脚步，闭上双眼，你能听见什么声音？风声、昆虫的嗡嗡声、雨声或是鸟叫声？听1分钟，然后尽可能多地写下你能回想起的声音。

自然笔记

在你的记事本里记录下你在某一特定地点凭肉眼观察到的自然细节。把你的多次野外观察笔记进行比较，思考每次所见都有哪些不同，然后想想为什么会有这些不同。

温馨小贴士

尝试着在散步时找一找：红色的事物、鸟类、动物的家（比如鸟巢或蛛网）。

本章亮点
翻到第62~63页，学着把你种出的蔬菜腌制成泡菜吧！

花园之外

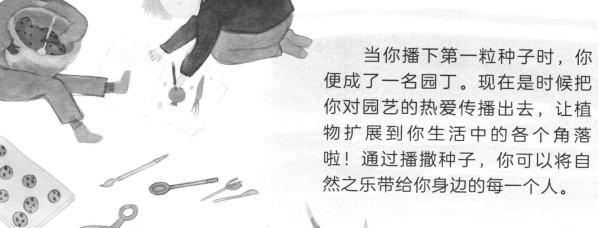

当你播下第一粒种子时，你便成了一名园丁。现在是时候把你对园艺的热爱传播出去，让植物扩展到你生活中的各个角落啦！通过播撒种子，你可以将自然之乐带给你身边的每一个人。

动手腌制泡菜

一旦你种出了可以食用的植物，就可以把它们做成一道道风味小菜了。记住，即使你种出的蔬菜表面疙疙瘩瘩，它们吃起来的味道与你在超市里买到的也不会有太大区别。而且，它们非常适合做成泡菜！以下是一个简单的菜谱，你可以动手试试。

准备时间：20分钟
腌制时间：48小时

你需要准备：

- 450克混合蔬菜（可以选择胡萝卜、青豆、西葫芦、花菜等）
- 200毫升水
- 1汤匙盐
- 1汤匙糖
- 200毫升苹果醋
- 容量为1升的带盖罐子

在你动手之前

去找家里的大人帮忙，将比较坚硬的蔬菜削皮、切块。

1 首先，采集蔬菜。腌制哪些蔬菜由你来决定。凡是经过腌制的蔬菜都很美味。假如你喜欢，也可以只腌制一种蔬菜。

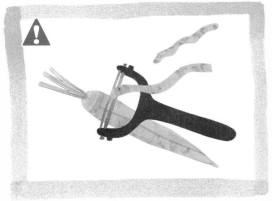

2 如果你选的蔬菜外皮较厚，比如胡萝卜、红薯等，可以请大人仔细为你削皮。

3 把蔬菜切成大约1立方厘米的小块。如果有花菜，就把它掰成一小朵一小朵的样子。

4 请大人将水烧开。把盐和糖倒入水里，搅拌，溶解，接着倒入醋。

5 把切碎的蔬菜放入罐中，再倒入水和醋的混合液，顶部留出2.5厘米的空隙。放置冷却。

6 将罐子放进冰箱，等待48小时。之后开罐，大快朵颐！

温馨小贴士

尝试在泡菜中添加一些调味料，比如1汤匙黑胡椒粒、芥末籽或干辣椒（不要用手直接接触它们），增添泡菜的风味。

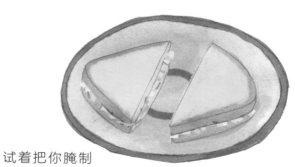

试着把你腌制的泡菜夹在三明治中，尝尝味道会不会更好。在土豆沙拉等带奶油的菜肴中加入一些泡菜，那醋酸味尤其让人欲罢不能。

压 花

将花朵晾干并压平，可以做成各种纪念品，纪念春日的清爽宜人、夏日阳光明媚的假期或秋日里的步履不停。压花可以保留原花的颜色，有时还残留着一点花香，让你回想起在大自然中游玩的经历。

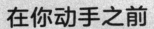

你需要准备：

- ♥ 花
- ♥ 厚的手工纸
- ♥ 一本大部头的书

在你动手之前

当你压制的鲜花含有大量水分时，它们会变成黏糊糊的一团。因此，要在干燥的天气收集花瓣和花朵。薄花瓣比厚花瓣的效果更好，你可以试试虞美人或三色堇。

1 把书对半摊开，在打开的书页上铺上一张手工纸。

2 把你准备的花放在纸上。尝试摆放出不同的造型。

3 接着，再覆盖一张手工纸，然后合上书，用力按压。

4 把书合上，放在温暖且干燥的地方。

5 两周后，把书打开，你将会看到保存下来的压花。

6 将这些花朵添加到你的自然笔记中，或者把它们贴在厚卡纸上，制成卡片或书签。

分享种子

一旦你在家里种了植物，就该把园艺的乐趣带到你身处的社区了。在农村、城镇中，还有一些空地无人打理。这些地方是化灰色为绿色的理想场所。和家里的大人一起去寻找一块允许播种的土地吧！

寻找你的苗圃

在上学路上寻找一块允许种植的土地。这块地可能不那么美观，似乎还没有人看上它。它可能是石板路间的空隙，也可能是一棵树周围的区域，或是被遗忘的公共区域。

对蜜蜂
友好

开始你的任务

带上水瓶和种子，和大人出门寻找一块允许播种的空地。在土上浇水，让土壤软化，然后撒下种子。

留心观察

你的种子需要定期浇水，每周用水瓶给它们浇一次水。如果这小块土地就在你上学的路上，你可以看着你的种子发芽，一天天地长大。

温馨小贴士

许多完美的苗圃可能位置偏远。选择在最近的安全地带撒下种子，期待它们能开花结果。也许你种出的花不是最好的，但你会让播种的地方变得更加美丽。

野外世界

"再野化"指的是将自然地区恢复到人类干预之前的原始状态。在经过了再野化的地方，野生动物多种多样，而且行为举止完全是自然的模样。但再野化不仅仅是对大自然放任不管，大自然需要我们的帮助才能重新焕发生机。

抛撒野花的种子。

1 在你家附近种出一片花丛。请家里的大人为你订购一些野花种子，确保这些种子能在你居住的地区自然生长。出门散步时，把种子撒在你想变出一片花丛的地方。看看铁丝网围栏后面那些杂乱的区域，如果开满了鲜艳的花肯定会很好看！

野外区域为鸟类提供了
安全的筑巢场所。

2

　　下次出行时，可以参观自然保护区。说不定在离你家不远处，在主干道之外就藏着一处野生动物的小小家园。支持当地的绿色环保项目有助于保护自然的原生态。

雨燕

海鸥

信天翁

长途迁徙的鸟类会在野外
区域停下来歇息。

3

　　参与植树节活动。树木不仅会吸收导致全球变暖的二氧化碳，还为鸟类和昆虫提供了家园。一棵树就好比一个社区，里面聚集着许多动物和植物。

自制种子球

制作种子球很容易。你可以把这些"种子炸弹"扔到你以前无法到达的地方。还可以把它们放在纸袋里，等发现不错的地点时再播种。请向大人确认你可以把种子球扔到哪些地方，千万别把它们扔到别人身上。

你需要准备：

- 种子
- 碗
- 堆肥
- 黏土，最好是粉末状的黏土，操作起来最容易
- 水
- 烤盘

温馨小贴士

矢车菊、虞美人和波斯菊会给灰棕色的土地带来一抹亮眼的色彩。在阳光不充足的地方，可以尝试种植绣线菊、报春花、法兰西雏菊等适合在林间生长的植物。

1 把一袋种子全部倒进碗里；如果你使用的是自己的种子，则抓一大把放进碗里。再添加五大把堆肥。

2 加入三大把粉末状的黏土，混合均匀。如果你用的是块状黏土，先将其掰成小块。黏土有助于把种子粘在一起。

3 用手使劲搅拌，同时一点一点往里添水，直到你把混合物搅拌得均匀又有黏性。

4 将混合物搓成直径约5厘米的圆球，把它们放在烤盘上晾一夜。

5 你的种子球可以投入使用了！你首先会去哪里撒下种子？在田野里还是公园里呢？如果没想好，你可以从自家花园或其中一个花盆开始，看看会"炸"出什么来呢？

耐旱战士

生活在你周围的植物已经适应了它们的栖息地。由于气候变化，全世界许多地方正变得越来越热，越来越干燥。人们把长期无雨或少雨的现象称为干旱。第73页介绍的这些植物能在干旱中活下来。

不要浪费水

水是宝贵的资源。在家庭生活和园艺活动中，我们都应该尽量节约用水。除了收集雨水用于浇灌外，你还可以尝试打造一个不怎么需要用水浇灌的花园。

温馨小贴士

护根覆盖物由树皮或木屑制成。在植物周围的地面上铺一层覆盖物，有助于保持地下的水分，供植物吸收。

植物如何应对干旱

当植物中的水分变成水蒸气，从叶片逸出时，植物就会失去水分。这就是"蒸腾作用"。不过，抗旱植物自有防止水分蒸发的妙招。

叶片表面的细小绒毛也有助于储存内部的水分。

浅色叶片能将炙热的阳光反射出去。对水分需求较低的植物，其叶片通常呈银灰色。

比起大叶面的叶子，针形叶能锁住更多的水分。

我们不介意少浇点水！

多肉植物

鹰嘴豆

百子莲

佛座莲

日本枫树
紫幽灵

蓟花

薰衣草

观赏草

做一名环保园丁

在你进行园艺活动的过程中，有很多方法可以帮你减少浪费、重复利用和回收资源。作为一个生态友好型的园丁，你需要尽你所能去保护环境。

重复利用包装材料

纸质的鸡蛋盒、厨房卷筒纸芯和使用过的咖啡滤纸都可以在园艺中再次使用。鸡蛋盒是现成完美的育苗盆，对半剖开的卷筒纸芯也非常适合栽种幼苗。至于咖啡滤纸，你可以动手把它们变成育苗用的纸托盆。你可以将这些容器直接埋进地里，它们会自然分解。

可回收利用的容器

你听说过寄居蟹吗？当一只寄居蟹的壳容纳不下它时，身体更小的寄居蟹就会迅速爬上来，把壳占为己有；这只小寄居蟹留下的空壳也会成为另一只更小的寄居蟹的新家。给植物换盆也是类似的道理。当你把一株植物移到一个更大的新盆时，你同时也可以给另一株植物"升级"房间。

减少用水

即使是降雨规律的地区，偶尔也会遇上旱灾。节约一点一滴的水比完全依赖自来水要好得多。虽然人们可以安心饮用经过了处理的自来水，但植物更喜欢纯天然的雨水。

在室外放一个小水桶或大水箱来接雨水，用雨水来给植物浇水。尽量将它们放在房顶排水管道的下面，这样可以收集更多的水。如果家里没有水桶，你也可以攒一攒洗碗剩下的水。

温馨小贴士

储存下来的水可能会变成一潭死水，散发异味。所以，接了雨水后要尽快使用，用洒水壶浇灌你的植物。

花园与自然中的英语词汇

absorb 吸收
将外界的物质转移到内部。

aquatic 水生的；水栖的
在水中生活或在水边生长的（植物或动物）。

adapt 适应
生物为了更好地适应周围环境而改变其外形或行为。

amphibian 两栖动物
一类变温的脊椎动物，比如青蛙、蝾螈等。

annual 一年生的
在一年中完成整个生命周期的（植物）。

aphid 蚜虫
一种吸食植物汁液的小昆虫。

climate change 气候变化
地球上天气模式的长期变化，这种变化可能是自然发生的，也可能人类活动引发的。

climbing plant 攀缘植物
依附在墙体等物体上生长的植物。

community garden 社区花园
通常位于城市中的绿色空间，供人们栽种植物。

companion planting 伴生栽培
把喜欢在同种环境中生长的植物种在一起。

compost 堆肥
经堆制腐解而成的有机肥料。

conservation （自然）保护
保护自然环境以及动植物的行为。

deciduous 落叶的
秋天时叶片会自然凋落的（植物）。

environment （自然）环境
生物所处的自然条件和情况。

evergreen 常青的
冬天时也不落叶的（植物）。

extinction 灭绝
某个物种彻底灭亡，不存在任何活着的个体。

fertile 肥沃的
为植物生长提供恰当养分的（土壤）。

flower 花，花朵
开花植物的生殖器官，其中包含雄蕊和雌蕊。

fruit 果实
开花植物的花受精并发育形成的器官，其中包含一颗或多颗种子。

fungus 真菌
包含菌菇类、霉菌在内的生物群，它们会分解并消化死掉的植物和动物尸体。

germination 发芽
种子长出嫩芽并开始生长的过程。

green-fingered 擅长园艺的
"长着绿手指的"，用来形容拥有高超园艺技能的人。

habitat 栖息地
野生动植物所处的自然环境。

harvest 收获
采集成熟的农作物。

heirloom 传家宝
代代相传的物件。

houseplant 室内盆栽
栽种在花盆中、适宜在室内生长的植物。

insect 昆虫
身体分为三个部分并有外骨骼保护的一类动物。

invasive species 外来入侵物种
有意或无意被引入新的区域，并对当地环境造成危害的植物或动物。

microorganism 微生物
透过显微镜才能看到的一类生物，包括细菌和病毒等。

native 原产的，本地的
一直生长在某地，而非外地引入的（物种）。

nectar 花蜜
植物花朵分泌的一种液体。

nocturnal 夜行的
只在夜间活跃的（生物）。

non-native 非本地的
从外地引入，而非一直生长在某地的（物种）。

nutrient 养分，养料
植物生长所需的营养物质。

organic 有机的
完全没有使用农药和化肥而种出的（蔬果）。

oxygen 氧气
空气中一种无色无味的气体。

peat 泥炭土；草炭
由植物及其腐烂的残体积累形成的肥沃的土壤。

perennial 多年生的
生命周期在三年及以上的（植物）。

pest 害虫
危害农作物的昆虫（有时也指其他动物）。

pesticide 杀虫剂
用来杀死或驱除害虫的药剂。

photosynthesis 光合作用
植物将阳光转化成能量供自己生长的过程。

pickle 泡菜，腌菜
把蔬果泡在调料中制成的食物，能长期存放。

pollen 花粉
开花植物用以繁衍的微小颗粒，由雄蕊产生。

pollination 授粉
花粉从一朵花传到另一朵花的移动过程。

pollinator 传粉者
将花粉从一朵花传到另一朵花的动物（或媒介）。

rewilding 再野化
使土地或水域恢复到自然状态的过程。

seasonal 季节性的，时令的
只在特定季节生长的（作物）。

seed 种子
通常由包裹在外的种皮、能发育成新植物的胚和提供养料的胚乳三部分组成。

seedling 幼苗
种子发芽长成的小苗。

sprout 新芽
植物新长出的幼体，可以发育成茎、叶或花。

sustainable 可持续的
保护自然，使自然资源尽可能长久存在的（行为）。

tuber 块茎
土豆等植物肥大的地下茎。

wildlife 野生生物
生长在野生环境中的动物、植物、真菌等。

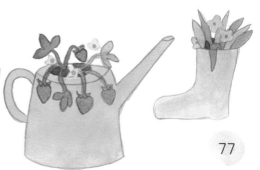

索引

致谢及插画师简介

致谢

DK would like to thank the following people for their assistance in the preparation of this book: Anne Damerell for legal assistance, Sipi Hämeenaho for editorial assistance, Caryn Jenner for proofreading, and Helen Peters for compiling the index.

DK公司感谢以下人员在本书编写过程中提供的帮助：安妮·达默雷尔提供法律协助，西皮·海梅纳霍提供编辑协助，卡琳·詹纳负责校对，海伦·彼得斯负责编写索引。

插画师简介

莉薇·高斯林曾在英国康沃尔学习插画，后回到家乡赫特福德郡定居。她从旅行、大自然和食物中汲取创作灵感。不画画时，她常常去乡间散步，或是在家中烹饪美食，或是打理她的菜园。2019年，社区分配给她的一小块耕地激发了她对园艺的热爱。2020年，这份热爱变得更加强烈，植物陪伴莉薇度过了那段不安的时光，菜地成了她的避风港，她对此非常感激。后来，莉薇搬去了新家，打造了一座厨房花园，继续保有着对园艺的热爱，种出身心好健康。